Dupotet de Sennevoy.

DISCOURS

SUR

LE MAGNÉTISME ANIMAL

prononcé le Vendredi 13 Février 1835,

A L'ATHÉNÉE CENTRAL

PAR

M. DUPOTET DE SENNEVOY.

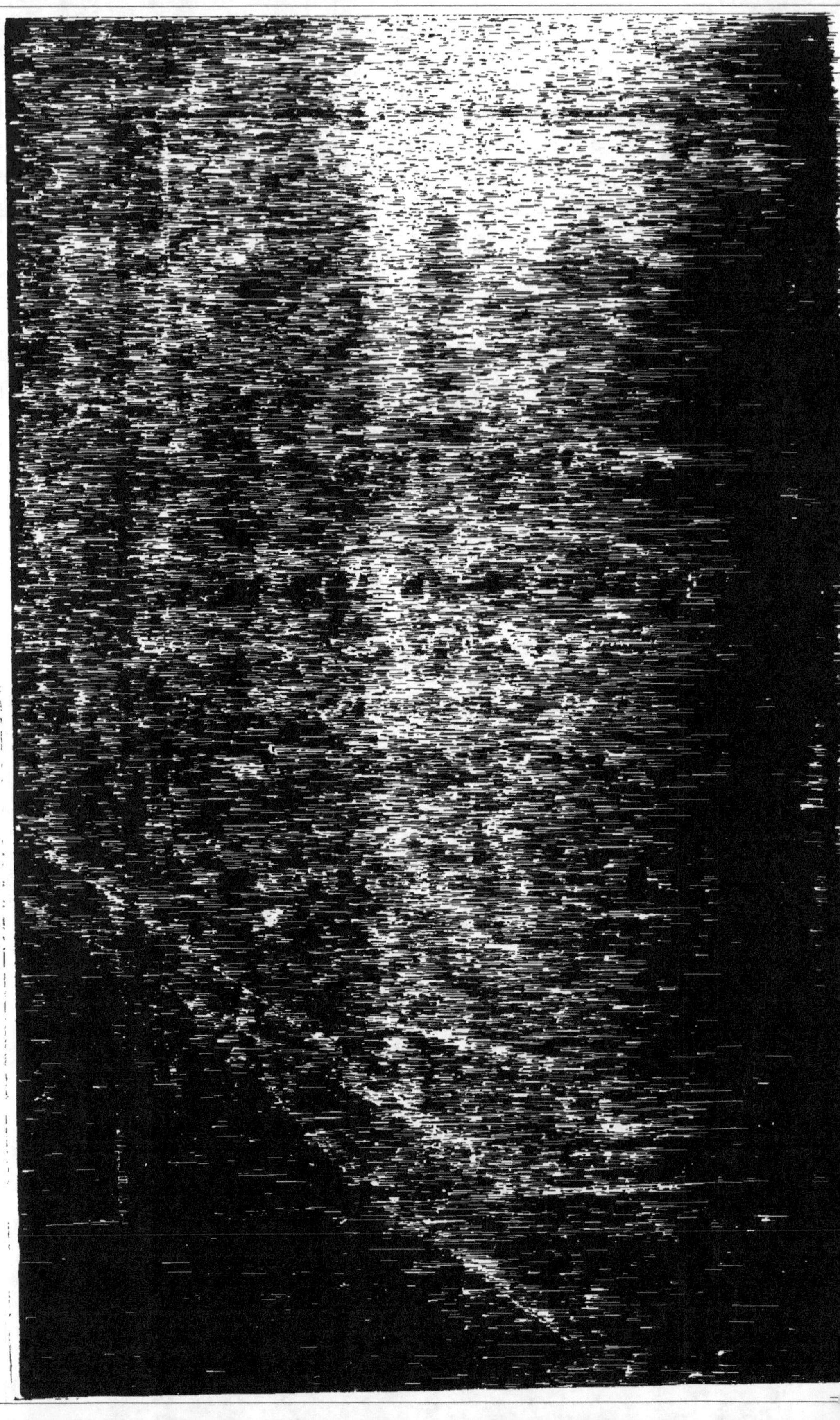

DISCOURS

SUR

LE MAGNÉTISME ANIMAL,

Prononcé le 13 Février, 1835, à l'Athénée Central.

------◆------

Messieurs,

Convaincu d'une grande vérité, j'ai hésité longtemps à la dire tout entière. J'ai cru qu'en avouant par dégrés son importance, j'effraierais moins les gensqui doivent en souffrir, ou plutôt que je les disposerais à s'en emparer et à la répandre dans leur propre intérêt. Mes discours ne les ont point touchés, mes appels les ont trouvés sourds, et les phénomènes qui devaient les éclairer, n'ont point obtenu ce résultat.

Devais-je me taire et renfermer dans mon sein

le germe que je crois fécond, devais-je imiter nos savans, laisser à la génération qui nous pousse le soin de développer et de faire connaître une vérité qui doit jeter un si grand jour sur toutes les sciences. Non, je me suis séparé des cœurs froids, des cœurs que les souffrances de l'humanité n'émeuvent point, plus sensibles à leur intérêt propre, qu'à l'intérêt de la science. J'ai reconnu trop tard que mes discours sincères ne devaient point trouver d'écho parmi eux, et regrettant un temps vainement perdu, j'ai pris le parti de répandre dans le monde ce que les savans devaient d'abord seuls connaître. Qu'ils n'accusent donc que leur conduite du mépris qu'on aura pour eux, qu'ils subissent les durs reproches qu'on est en droit de leur adresser, et si des maux inséparables sont la suite d'une application irrefléchie des principes nouveaux que je vais vous exposer, ce sont les savans et surtout les médecins qui devaient en tracer les règles et qui ne l'ont point fait, que l'on doit en rendre responsables.

Nous allons dérouler devant vous les pièces d'un grand procès, procès qui intéresse l'humanité tout entière, car il va s'agir d'un nouvel art de guérir les maux qui nous affligent, et d'une vérité qui doit placer sur de nouvelles bases les sciences morales et physiques.

Dans cet examen, nous allons éloigner de nous toute faiblesse, nous vous parlerons sans haîne et sans passion, notre langage sera sincère, et nos aveux, plus forts peut-être que la prudence ne l'exigerait, ne vous laisseront aucun doute sur la pureté de mes intentions.

Commençons donc l'examen de cette grande question, faisons pénétrer dans vos esprits la conviction qui nous domine, et puisque vous allez devenir mes juges, il est de votre devoir de m'écouter avec attention.

Messieurs, de toutes parts des hommes honorables, au jugement sain, font appel au monde sur une découverte ancienne, toujours contestée.

Ils disent : *l'homme a des propriétes merveilleuses qui l'égalent presqu'aux dieux , l'homme peut agir sur son semblable, et sur tonte la nature*

(4)

vivante, l'homme peut être mis dans un état où il lui est révélé ses hautes destinées sur la terre. L'homme enfin peut modifier à son gré, ce qui paraît échapper à ses sens et cette action morale et physique peut être reconnue, étudiée, prouvée, car tous les hommes sont aptes à la sentir et à la communiquer. Il n'y a que l'ignorance ou la mauvaise foi qui puisse la mettre en doute.

A des assertions si positives que répondent les gens en possession de la science, et à la tête de l'opinion.

Ils disent : toutes les merveilles dont vous nous parlez, sont autant de mensonges. L'antiquité la plus reculée en a été infectée, elle a cru, comme vous, au pouvoir de l'homme sur l'homme, aux révélations, aux prévisions, et il s'est trouvé à toutes les époques, des gens qui prétendaient avoir un pouvoir surnaturel. Mais il s'est trouvé des savans comme nous, qui possédaient la véritable lumière, et qui firent justice de toutes ces rêveries. Cessez donc de nous poursuivre de vos propositions d'examen, la science n'a rien à apprendre avec vous; vous

êtes des fous ou des imbécilles, vous ne nous in-
spirez que de la pitié!

Heureux savans, on doit s'incliner devant vos
lumières, et la nation doit vous élever des autels!

Que le vulgaire se courbe et baisse la tête!
qu'il cite avec orgueil les noms de ces illustres
savans; qu'il adopte comme articles de foi leurs
jugemens, cela ne m'étonne nullement : l'homme
semble être fait pour le mensonge, sans cela il
eut été difficile de l'exploiter. Ah! Messieurs, je
ne puis vous peindre les sentimens que j'éprouve,
ce n'est pas de la colère, ce n'est pas du mépris,
c'est une affliction profonde à la vue des obsta-
tacles qui se sont toujours opposés au règne de
la vérité sur la terre. Il est donc bien vrai *que
Dieu a livré le monde aux disputes des hommes*;
Il est donc bien vrai que tout sera toujours,
doute et incertitude, et que les nations comme
les individus disparaîtront de la terre sans laisser
autre chose, pour marques de leur passage,
que de vaines opinions.

Et lorsqu'un homme au milieu de ce cahos
sera venu dire au monde : arrête ici ta course, la
vérité que tu poursuis est au milieu de toi, elle t'a

suivi partout, tu ne l'as pas reconnue. Lorsque tu as cru la saisir, tu n'en tenais que l'ombre. Cet homme n'aura obtenu pour prix de sa vertu et de son heureux génie, que l'exil et l'échafaud.

Chassons loin de nous cette triste vérité, oublions, s'il se peut, l'histoire des temps anciens; mais marquons d'un fer brûlant, les savans de notre époque qui, moins cruels que leurs devanciers, n'ont pas été plus soucieux de leur honneur et plus amis de la vérité.

Faisons luire à vos yeux son flambeau, que sa vive clarté vous pénètre, que ses rayons vous montrent le faux savoir couvert du manteau de la vérité; il ne sera plus possible alors de vous abuser et de vous faire croire à une supériorité qui ne vient que d'un défaut d'examen et de l'habitude que vous avez de laisser à d'autres, le soin de régler vos destinées.

Que deviendront nos grands docteurs, si nous vous prouvons tout-à-l'heure, que chaque individu a en lui-même, un principe naturel supérieur en intelligence à leur esprit et à leur haute raison. Que feront-ils de leur savoir amassé avec tant de peine et de soins, s'il est bientôt reconnu que dans une cervelle vierge de leurs sophismes, il se trouve de quoi les confondre? Et vous, philosophes rêveurs qui croyez connaître l'homme et ses destinées, déchirez vos systèmes car lorsque vous les avez écrits, vous aviez un sens de moins.

Ah! je sens combien ma mission est grande et belle, mais je ne me fais point d'illusion je connais par avance les écueils et les dangers qui sont semés sur ma route, mais que m'importe, je suis fort de mon courage, il ne m'abandonnera pas, ma seule crainte est que la faiblesse de mes moyens ne vous offre pas, messieurs, un défenseur tel que cette grande vérité l'exige.

Aussi, dans cette enceinte, je fais appel à tous les hommes généreux, et je leur dis: le magnétisme est un levier puissant qui peut soulever le monde moral et le monde physique; Aidez-moi à le faire mouvoir. Mais pourquoi ce doute et cette hésitation? Laissez-vous convaincre, et si votre bonne foi vous attire les railleries, alors secouez le joug de l'indifférence et de l'égoïsme. Ils n'ont point d'oreilles et point d'entrailles; rien ne peut les émouvoir.

Si cependant mes discours ne trouvaient point d'écho parmi vous, ah ! je serais loin de vous en vouloir. Je connais trop l'empire de tous les préjugés et des vains systèmes qui règnent aujourd'hui ; mais ce serait alors aux savans de nos académies, qui sous le voile de la prudence, gardent un lâche silence. La lumière qu'ils fuient, se répandra malgré eux, ils entendront bientôt des gens étrangers à toutes les sciences se dire en les apercevant : ces hommes n'ont de passion que pour de vieilles erreurs, ils ont reculé devant ce qui pouvait les éclairer, et croyant que le mensonge devait servir leurs intérêts, ils ont combattu la droiture et calomnié la vertu.

Et lorsque, sous leurs yeux, il se produira des faits dignes d'admiration, faits qu'ils ne seront point appelés à juger, car ils en auront perdu le droit, que chacun aperçoive le trouble de leur âme, et se souvienne que la vérité pour celui qui l'a niée est un ver qui ronge le cœur, est un fer qui brûle, et qu'il ne peut échapper aux remords de sa mauvaise action,

Et lorsque les médecins viendront aussi à leur tour se plaindre que le magnétisme envahit la médecine, et que sans leur ministère on guérit leurs malades, qu'il leur soit répondu : Mesmer, en venant parmi vous, vous avait cru dignes de connaître sa doctrine, il vous a priés, suppliés d'examiner les effets qu'il produisait, il vous voulait pour seuls juges de son système, vous avez publié sans vouloir l'entendre, qu'il n'était qu'un visionnaire et un charlatan ; et après l'avoir entendu, vous avez ajouté à vos dégoûtantes épithètes, que la doctrine magnétique était dangereuse et perfide, et vous avez engagé le gouvernement d'alors à la proscrire.

Plus tard, des hommes éclairés, reconnaissant la fausseté de vos jugemens, les Puységur, les Deleuze et cent autres, firent appel à vos lumières, à votre bonne foi, vous ne voulûtes point les entendre, vos oreilles sourdes aux vérités que leurs ouvrages dévoilaient, ne s'ouvrirent que pour écouter les accusations que lançaient contre eux les gens habitués à ne défendre que les abus. Et lorsque des hommes généreux vinrent jusque dans vos sanctuaires, pour essayer de vous convaincre en guérissant quelques-uns de vos malades, le rire et le sarcasme furent le premier accueil que vous leur fîtes. Mais forcés de vous rendre aux preuves évidentes que vous fournissaient les magnétiseurs, vous avez gardé le silence, il vous a fallu pourtant vous justifier du déni de justice dont on vous accusait, vous avez alors, dans d'insignifians rapports, avoué la moitié des faits, et, chose inouie, vous n'avez pas voulu publier ce que vous aviez reconnu pour vrai.

Cependant la vérité, malgré vos entraves, est sortie du cercle que vous aviez tracé autour d'elle : Le magnétisme, que vous croyiez terrassé, se relève après plusieurs siècles ; mais c'est pour triompher et pour étendre ses ailes sur le monde. Génie puissant qui embrasse l'univers ! ah, si un destin fâcheux a voulu que tu restasses longtemps ignoré, et qu'on te livrât des combats, c'est afin que ton triomphe fût plus solennel !

Le public a lu vos rapports, messieurs ; ils ont été imprimés et livrés, malgré vous, au jugement des hommes qui aiment à s'éclairer ; on a pénétré les causes de vos réticences, deviné vos motifs de haine, et apprenant qu'il vous avait fallu six ans pour produire un aussi mince travail on s'est dit : que jamais de nos jours la vérité ne serait accueillie par vous, que le magnétisme, ne pût-il guérir personne, serait encore trop important par le jour nouveau qu'il jeterait sur l'hydre de vos systèmes, et le bouleversement qu'il produirait dans les idées que vous vous étiez faites de l'homme et de la nature.

Vous avez voulu cacher la vérité; mais il arrive une époque où le mensonge s'écroule de lui-même.

Malheur à ceux qui ont résisté trop longtemps à la vérité, parce que leur défaite est plus qu'ignominieuse.

La vérité va droitement au but, elle marche à découvert, elle ne tend point d'embûches ; mais chaque coup qu'elle frappe, elle frappe juste.

Nous ferons trembler ceux qui ont accusé nos intentions et méconnu la volonté que nous avions de faire le bien, et un jour, tous réunis, nous renverserons l'autel où l'on encense les faux Dieux, les temples où l'on ne sacrifie que des victimes humaines, et arrachant la masque des prêtres menteurs qui reçoivent les offrandes, nous les montrerons à la foule, couverts du sang de leurs frères et de leur propre sang, nous leur reprendrons le pouvoir qu'ils ont usurpé, pouvoir de vie et de mort, qu'ils se sont arrogé, et la société rentrant dans ses droits, ne sera plus un troupeau de moutons que le pouvoir tond quand il lui plaît, et qu'un corps qu'on appelle Faculté de médecine décime à sa fantaisie, sans avoir de compte à rendre même devant ses complices.

Relevez maintenant la statue d'Esculape placez-la sous vos portiques, mais rappelez vous que c'était dans les temples de ce dieu qu'on allait dormir pour trouver la santé, et qu'on ne va plus dans les vôtres que pour y mourir.

Il est temps d'arracher le masque de l'imposture, c'est à elle que nous irons, on verra toute sa difformité, mille fois plus hideuse encore, mise à côté de la vérité aussi belle qu'elle est. Nous montrerons cette force de l'homme qui nous rend si heureux, nous mépriserons le sentiment des pervers. C'est à l'homme de bien que nous nous adresserons, et au lieu de suivre la devise de nos antagonistes. — *Nous pour nous et les autres pour nous.* Nous dirons : *Nous* pour les autres Nous pour l'humanité !

Magnétisme ! puissance qui découle de l'âme ! puissance qui naît avec l'homme et ne meurt qu'avec lui, puissance qui peut venir à bout de tout, puissance qui parcourt l'étendue avec la rapidité des esprits, et qui frappe l'objet quel qu'il soit auquel elle s'est attachée.

Puissance surnaturelle et que l'on ne peut rendre par des mots, puissance qui vient de la divinité et qui rend l'homme grand, noble, et égal aux dieux.

Cette puissance peut terrasser l'homme comme la foudre, et quoique invisible, est plus forte et plus puissante que toutes les forces physiques que l'homme a réunies.

Mais il faut pour l'exercer, que l'homme ait un empire absolu sur toutes ses pensées.

Il faut qu'il soit sain de toutes pensées impures afin qu'aucun remords n'empêche de la posséder dans toute son énergie.

O vous donc, qui voulez magnétiser, songez que cette force est divine et qu'elle ne peut s'al-lier avec le vice.

Commencez par purifier votre âme, chassez toute mauvaise pensée, ne touchez pas à des choses sacrées avec des mains profanes, que le seul désir de faire le bien de l'humanité soit votre seule vertu, vous en aurez assez.

Vous écraserez la tête du monstre affreux de l'imposture, et la seule jouissance d'avoir fait du bien, vous fera goûter par avance le bonheur et les joies pures que les sages attendent à la fin de leur vie. Mais ne vous y trompez pas, toutes ces joies et ces plaisirs ne viennent pas sans peine et sans travail, gardez-vous donc de la nonchalance ; dites-vous : il le faut, je le veux, et qu'une action incessante émette de votre âme ce principe de vie, plus précieux que toutes vos richesses.

Aussitôt que l'homme paresseux cessera de vouloir, ses bras cesseront d'obéir; ne vous plaignez pas de votre faiblesse, on a toujours assez de forces physiques quand l'âme et le cœur sont d'accord.

Le sage qui est réellement sage, a toujours les forces de l'ame qu'il reçut de la nature, la mort seule peut les lui enlever.

Eh bien imitez-le, soyez comme lui, ne laissez pas porter le trouble dans votre âme, lors qu'armés d'une volonté forte et plein de confiance dans la vérité, vous trouverez des hommes qui vous traiteront d'imposteurs, d'enthousiastes, de rêveurs, peut-être de fripons, d'assassins même, que votre cœur ne se décourage point, continuez de faire du bien aux hommes en soulageant leurs maux et en répandant une doctrine simple et consolante ; doctrine la seule vraie, car elle repose entièrement sur la nature et sur ses immuables lois. Par cette marche, vous gagnerez vos ennemis mêmes ; loin de les fuir, allez droit à eux, demandez leur quelle est la cause de leur incrédulité, tâchez de les amener à voir des faits, montrez-leur la nature obéissante à vos désirs lorsqu'ils sont fondés sur le bien ; s'ils ne croient point encore, soumettez-les eux-mêmes à votre action, faites pénétrer dans leurs organes le principe de vie dont vous pouvez disposer ; faites-le sans haine et sans colère, vous en aurez plus de force ; le moindre des faits que vous produirez alors, sera plus convaincant pour eux que tous ceux qu'ils vous auront vu pro-

duire sur d'autres , enseignez-leur le mécanisme
de votre action , dites leur que la volonté d'agir
en est le premier mobile , placez-les ensuite dans
les circonstances les plus favorables.

Faites qu'ils essaient leur puissance nais-
sante sur des enfans ou sur des hommes en-
dormis. Et lorsqu'ils auront vu ces derniers
sensibles, même de loin, à de simples mouvemens
de la main, vous aurez atteint votre but, vous aurez convaincu l'incrédule , vous n'aurez plus
alors qu'à modérer son zèle. Il vous traitait
d'enthousiaste , il le sera lui-même, il le sera
plus que vous, car vous, vous saurez comment
vous agissez, ce sera votre froide raison éclairée
par l'expérience et par la vérité, lui ne le saura
pas encore, vous le verrez provoquant des effets
qu'il ne pourra conduire, vous serez obligé de
l'aider de vos conseils, de redresser ses erreurs
et peut-être de réparer les accidens dont il aura
été la cause; il apprendra bientôt à lire dans le
livre de la nature. Il sentira alors, tout ce qu'il
y a de grand, de sublime, dans le magnétisme ;
il vous chérira, vous qui aurez ôté le bandeau
dont ses yeux étaient couverts, et son âme re-

connaissante trouvera pour payer le service que vous lui aurez rendu, des expressions qui toucheront votre cœur ; car il existe une morale au fond du magnétisme. Une morale pure comme l'essence divine. Ah ! si ceux qui la sentent pouvaient parler, ils vous exprimeraient ce que la bouche ne peut vous rendre : les choses divines ne sont pas faites pour être expliquées par l'homme dans son état de nature, car *c'est de la chair qui s'exprime !*

Homme corrompu, pâte immonde ! Comment veux-tu que tes créations soient sublimes ! Tu contestes ce qu'ont fait les plus grands génies parce que tu ne peux sentir leurs ouvrages. Aveugle, tu nies la lumière parce que tu manques d'organes pour la voir.

Cherche donc un ami qui t'ôte ton fatal bandeau, appelle à ton secours la Providence, prie-la de changer ton cœur et de le rendre sensible aux charmes de la vérité, sans cela tu mourras sans avoir vécu.

Malheureux ! qui ne crois pas au magnétisme, tu n'as donc jamais aimé ! tu n'as donc jamais eu d'amis, et pressé la main d'un frère ! Ton cœur

2

est donc toujours resté sourd aux souffrances d'autrui, et chez toi, il n'y eut donc jamais de porte ouverte pour la pitié ! Oh ! s'il en est ainsi, je le conçois, tout homme qui ne sent pas, a besoin de la matière !

Cessons de peindre un aussi triste tableau : l'homme qui ne s'occupe de personne mérite-t-il qu'on pense à lui !

C'est à vous, hommes au cœur droit, que nous adressons nos doctrines ; c'est vous que nous voulons convaincre : lorsque vous le serez, l'ignorance et la stupidité reculeront d'effroi, ou bien elles viendront elles-mêmes vous apporter le tribut de leur défaite.

Ecoute, dirai-je à l'homme bon et sensible qui veut s'occuper du magnétisme : Veux-tu connaître les jouissances qui seront le fruit de tes études ? Je ne peux te les désigner : c'est la nature elle-même qui se chargera de te les donner.

Lorsque soulageant un malade aux dépens de ta vie, tu le verras tomber dans un sommeil bienfaisant, interroge-le, il te répondra : tu sauras par lui la cause de sa maladie, les remèdes à y apporter, et devenant tour-à-tour médecin, prophète , philosophe , il t'instruira par ses leçons sur tout ce que la nature a caché à nos faibles yeux. Tes idées agrandies par les tableaux ravissans que tracera son génie, charmeront ton esprit. Tu cesseras, alors, d'être dans la foule commune ; tu commenceras à devenir véritablement homme : les préjugés que l'éducation et le temps auront amassés dans ton intelligence, disparaîtront par degrés , comme la nuit à l'approche de l'astre qui nous éclaire.

Qu'il ne te vienne jamais à la pensée d'abuser de mes secrets, et de les faire servir à de vaines expériences. Vas, il est bien fou celui qui joue avec le magnétisme, car c'est une émanation divine, et s'en servir pour satisfaire une vaine curiosité, c'est commettre un sacrilège !

Sommeil magnétique! sommeil de bonheur! où l'âme est dégagée du corps, où l'âme plane et semble s'envoler! la nature est son domaine, elle goûte alors la félicité, le corps n'est plus sa prison. Bonheur inexprimable qu'aucun mot ne peut faire sentir! Parole, écho sans vie, tu ne peux donner que des sons sans valeur, l'âme a un autre organe que toi, mais pour l'entendre ce n'est pas des oreilles qu'il faut ; c'est une conscience, et alors son langage est d'autant plus expressif que la chair est plus endormie.

Combien devaient-être savans ceux qui écri-virent sur la porte de leurs temples: *Homme connais toi toi-même !* Ils savaient sans nul doute ce qui existe sous notre corps opaque et gros-sier. La nature même le leur avait appris, et si leur secret n'est pas venu jusqu'à nous, il faut n'en accuser que l'orgueil de l'homme et sa va-nité, car il croit tout savoir sans avoir rien appris. Il ne veut pas reconnaître de supériorité, même celle que donne le génie: et pourquoi alors lui dévoiler des mystères, si son cœur ne doit pas sentir ce bienfait et s'en se montrer re-connaissant.

Ce n'est pas assez d'être opiniâtre dans le tra-vail : Il faut encore connaître ce qui mène à la la vérité.

Ainsi, l'homme a cherché partout des moyens de conservation, il a cru trouver dans *les corps inorganiques* de quoi soulager les maux qui l'affligent. Ainsi, l'électricité, le galvanisme, le ma-

gnétisme minéral, ont été vantés comme des remèdes souverains pour certaines maladies.

Mais un cadavre couché près d'un vivant ne
le réchauffera pas. Ainsi les fluides morts, au lieu
de porter la vie, comme on l'a prétendu, ne por-
tent dans ses organes qu'un état de perturbation
et une sur excitation toujours dangereuse ; car
ces fluides sont tout-à-fait étrangers à la vitalité.

Toujours l'homme a cherché la vie où elle
n'était pas : *sa nature la contenait* : Il la cher-
chait ailleurs ! Qu'il n'accuse donc que sa folie, si
malgré tous les efforts qu'il fit pour connaître la
vérité, l'erreur fut toujours au fond du creuset.

Il a fallu de tout temps un fléau à l'humanité :
l'ignorance et la barbarie ont toujours pesé sur
elle.

Ah ! gardez-vous de confondre la vérité que
nous défendons, avec le charlatanisme infâme
qui marche près d'elle ! *Vous les distinguerez à
leurs œuvres.* La vérité est simple, elle marche
droit et à découvert ; l'autre est louche, trébuche
à chaque pas, et ne demande que de l'or.

Malheureuse condition des hommes bercés
par le mensonge, grands enfans que nous sommes,

nous mourons sans avoir appris pendant notre vie, autre chose que des mots sans valeur. Que reste-t-il de tant de peines et de soins ? Le doute et l'ennui, rien de plus.

Mais vous qui voulez connaître, emparez-vous du magnétisme c'est la porte des sciences. Frappez, frappez, armé d'une volonté forte, on vous ouvrira ; mais il faut que vos désirs soient sincères et que la pensée de faire le bien vous accompagne sans cesse.

Il est facile par des discours d'exciter des peuplades aux révolutions, à la révolte ; mais pour exprimer des choses vraies, des choses sublimes, et pour les faire comprendre, ce n'est pas l'ouvrage d'un seul jour, ce sont des siècles qu'il faut. Ainsi, depuis l'antiquité la plus reculée, des hommes à qui la nature a parlé, vous crient : Vous avez une médecine naturelle, supérieure à celle que l'art enseigne et pratique. Celle-ci fait des victimes, l'autre n'en fait pas, elle ne saurait en faire. La médecine de l'art est toute de conjectures ; elle n'a pour appui que de vains systèmes, tous faillibles comme l'homme ; l'autre est certaine comme la nature, car elle repose sur l'une de ses

lois. C'est celle dont nous voudrions vous pénétrer, et vous faire reconnaître la supériorité.

Ah! croyez-en notre langage, il est sincère, et
nul désir de vous tromper ne saurait entrer dans
notre âme: c'est le tribut de vingt années de travail et d'observations que nous vous apportons:
Ici, c'est votre cause que nous plaidons , c'est
votre souffrance qui nous touche ; c'est pour que
la vérité, que nous sentons vivement, proteste
par notre bouche contre une des plus grandes
erreurs de l'esprit humain, et cette erreur est la
médecine, car si l'on était obligé de citer les noms
des victimes qu'elle a faites, il n'y aurait pas de
bibliothèque assez grande pour en contenir les
volumes.

Ah ! si cet art est véritable, pourquoi donc cette
crainte qu'éprouvent les malheureux condamnés
à aller se faire traiter dans vos hôpitaux? pourquoi cette répugnance que la douleur ne saurait
toujours vaincre? C'est que, comme le renard
de la fable près de la caverne du lion, ils en
voient bien entrer, ils en voient peu sortir; c'est
qu'ils savent, les malheureux ! toutes les expériences qu'ils sont destinés à subir.

Votre philantropie est grande , messieurs, vos soins sont généreux! Si j'osais dire ici la vérité sur toutes ces choses, si j'osais dire les essais faits journellement, essais dont vous vous vantez entre vous, et que vos journaux répètent quelquefois , par exemple les potions de Bicêtre , dont huit malheureux sont morts le même jour... La terre, dit-on, couvre vos fautes! Ah, s'il existe une justice suprême, et qu'un jour nous devions rendre compte de nos œuvres, ah ! messieurs, combien vous serez à plaindre, et que de souffrances vous sont réservées !

Qui osera jamais dire ce qui se passe dans les amphithéâtres, les profanations qui y sont commises? ah ! j'en éprouve une horreur profonde. Qu'ont donc fait à la nature les malheureux qui vont mourir dans vos hôpitaux, pour être d'abord mutilés et ensuite vendus? Si encore leurs restes souillés recevaient la sépulture qui leur est due! Mais il faut avoir été témoin de tout ce que vous en faites, pour croire à toutes les misères de l'homme. *Justice humaine tu n'es qu'un nom !*

Tirons le rideau sur toutes ces scènes où l'homme apprend à dégrader son âme, tout en recevant dans ses organes le poison qui doit, dans un jour prochain, en détruire l'harmonie.

Gardons le silence des tombeaux, et si nous voyons des choses qui révolteraient les peuplades sauvages, rappelons-nous que dans notre pays on les encourage, on les récompense même, et qu'elles deviennent un titre de recommandation et une source de fortune.

Et! c'est là votre médecine! c'est là cet art si honoré et dans lequel vous avez placé votre confiance!

Venez, approchez-vous maintenant; venez nous dire que nous sommes dans l'erreur; venez, rejetant notre doctrine, nous convaincre de la supériorité de la vôtre; venez, faites approcher cette immense machine avec ses innombrables instrumens; que nous la voyions au grand jour : pénétrons dans vos officines où l'on prépare ces breuvages qui doivent rendre la santé.

Vous, malades, pourquoi tremblez - vous ? Pourquoi votre âme est - elle comme une mer agitée ? Pourquoi cet effroi en présence même des ministres de cet art si vanté?

C'est que la science du médecin ne va pas

jusqu'à vous promettre de lendemain, c'est qu'il ne sait rien vous dire sur la durée de votre maladie et sur les accidens qui doivent l'accompagner. Lui-même, qui devrait bien *se connaître*, ne sait rien de plus sur lui, et n'a nulle confiance en ceux qui professent des principes si féconds en heureux résultats.

Ah! cette prétendue science serait bien ridicule si elle n'était cruelle! Il faut pourtant rendre aux médecins la justice qu'il méritent: ils ont beaucoup de science: cela est incontestable; mais encore une fois ce n'est pas la science qui guérit en médecine: au contraire plus un médecin est savant, s'il n'est que savant, plus il perd de malades, et les exemples que l'on peut citer existent à chaque pas. Ils ont disserté sur toutes les maladies avec avec un savoir très-grand, leurs thèses étaient sublimes, si vous voulez considérer leurs travaux, leurs efforts: ils ont dévasté les végétaux, égorgé les animaux, disséqué des cadavres par milliers, discerné les parties les plus subtiles et les plus cachées, puis ils se sont flattés de faire à leur gré durer le plaisir et cesser la douleur; c'est là le but de leur art, de leur science, des travaux de leurs journées et des rêves de leurs nuits. Ils ont fait une morale où ils ont cherché le souverain bonheur, une médecine où ils ont cru trouver une santé parfaite ! *Insensés!* qu'ils considèrent ce qui leur est revenu de leurs chimères : leur fausse morale a voulu guérir leurs passions, elle a tué leur âme par l'indifférence: leur médecine a voulu guérir vos maux, elle a tué vos corps par les remèdes.

Je n'exagère rien, messieurs, et s'il vous restait un doute sur la vérité de ce tableau, dites-moi donc à quoi a servi la science de la médecine pendant le choléra ? A-t-on jamais montré plus d'ignorance de la médécine qui guérit ? Ils étaient réduits à compter les victimes de ce terrible fléau, et eux-mêmes, comme les orientaux, semblaient croire à la fatalité, et frappés, ils se laissaient mourir, sachant que leur art n'était qu'impuissance. Le cœur faillit en pensant à toutes ces choses, la raison s'offusque de voir tant de mérite si pauvre, et la mémoire qui conserve le souvenir de tant de désastres si récens, vous rappelle sans- cesse aussi leur faiblesse et leur incurie.

Voilà votre médecine, messieurs.

Maintenant voici la nôtre :

Nous avons parlé d'officine, mais nous n'en avons pas ; de machine, nous n'en avons jamais connu. Nous avons parlé de nombreux instrumens, mais nous en récusons l'usage. *C'est dans nos propres forces, et dans nos propres organes que nous allons puiser le principe tout entier de notre médecine.*

Nous n'avons pas comme vous un Corps, une Faculté, nos enseignemens sont faciles et peuvent se faire sans dissection de cadavre ; notre science n'est pas une science de mots, mais une science de faits réels, et nous n'avons besoin que d'un langage pour l'approfondir.

Tous nos secrets reposent dans la nature, et c'est la nature elle même qui nous les enseigne ; c'est là que nous les avons puisés, et nous n'en sommes que les dépositaires. Aussi, n'est-ce qu'un dépôt sacré dont elle nous autorise à répandre les bienfaits, bienfaits que nous devons verser sur tous, et non sur un petit nombre.

Le riche n'a pas plus de droit de les espérer que le pauvre, car tous deux sont soumis également à ses lois.

Ce don si précieux que l'on nomme LA VIE, et qui s'évanouit avec nous, *voilà nos potions, voilà nos breuvages, nous n'en admettons pas d'autres.* C'est en portant dans le corps d'autrui le principe qui entretient chez nous la vie, que nous remplaçons chez les autres le même principe qui s'enfuit.

Voilà tous nos secrets, voilà tous nos mystères, mystères qui révèlent toute la puissance de l'homme; mystères qui renversent tous les systèmes que les siècles ont amassés jusqu'à nous, et qui établiront, je l'espère, l'empire de la vérité sur la terre.

Oui, nous l'avons déjà dit, nous ne voulons ni potions ni breuvages enseignés par les hommes de l'art; nous n'admettons aucun traitement *que celui qui aura été ordonné par la bouche même du malade,* ou par celui qui, *confondu avec lui,* ressent au même moment les mêmes douleurs et les mêmes souffrances.

Nous allons plus loin encore, nous n'admettons, pour capables de guérir, que ceux qui peuvent se guérir eux-mêmes!

Mais, messieurs, cette médecine si simple et

pourtant si merveilleuse, que les anciens connaissaient, et qu'il ne transmettaient qu'à des hommes choisis, est tombée dans le domaine public. Partout on parle des merveilles qu'elle fait naître. *Et* des hommes étrangers à toutes les sciences, produisent des phénomènes qui surpassent en grandeur tout ce que les sciences physiques offrent de plus admirable.

Le magnétisme dont nous parlons, a été destiné de tout temps à galvaniser le cadavre mourant d'une société corrompue, et pourquoi á notre époque retarderait-il son action? C'est à vous, hommes qui m'entendez, à seconder mes efforts et à chercher à connaître qui vous êtes. Ici vous pouvez jeter l'ancre. Une vérité immense comme toute la nature, vous apprendra que les désirs de l'homme peuvent cesser de flotter au gré de ses passions, et que ses doutes peuvent être résolus.

Mais nous le répétons : l'homme ne peut connaître sans travail. Il faut qu'il plonge son âme dans les mystères de l'immensité. Car tout ce qui l'entoure est mystère, et sa vie en est le plus grand.

S'il est pénétré de ces doctrines, son âme *fraternisera* avec les essences divines ; car l'âme cherche ce qui est le plus caché même à nos sens.

Ah ! combien cette carrière est grande et belle ! Heureux celui qui peut en pénétrer les secrets ! Ils offrent des jouissances pures que l'on ne trouve pas ailleurs. Pénétrez-vous en bien, messieurs ! Venez, suivez-nous dans notre marche, nous vous conduirons comme un guide sincère, dans cette route que vous ne connaissiez pas.

Je prendrai soin d'éloigner de vous tout ce qui pourrait vous rebuter. Je vous enseignerai à découvrir les embûches de la mauvaise foi, j'affermirai vos pas chancelans, jusqu'à ce qu'étant devenus assez habiles vous-mêmes, vous puissiez vous conduire seuls, et comme moi, à votre tour, propager une vérité qui ne comptera jamais près d'elle assez de défenseurs.

L'appel que je fais ici, messieurs, ne peut passer inaperçu. Si par un abus coupable de la parole, j'ai cherché à répandre parmi vous l'erreur et à déverser un blâme non mérité sur une classe nombreuse d'hommes de science, mon nom restera attaché au poteau de l'infamie; mais si j'ai dit la vérité, la négligence que vous apporteriez à la défendre serait alors inexcusable, et vous n'auriez nul droit de vous plaindre, lorsque votre tour serait arrivé d'être victime de la fausse science que je vous ai signalée.

DUPOTET DE SENNEVOY.

IMPRIMERIE DE Mme DE LACOMBE, FAUBOURG POISSONNIÈRE, N. 1.